I0473522

ABSORCIOLOGIA

LEANDRO BERTOLDO

Aos meus pais,
José Bertoldo Sobrinho e
Anita Leandro Bezerra

Minha esposa,
Daisy Menezes Bertoldo

Minha filha,
Beatriz Maciel Bertoldo

Meu irmão
Francisco Leandro Bertoldo

E ao querido leitor,
dedico estas singelas páginas.

"A natureza testifica uma inteligência, uma presença, uma energia ativa que opera em suas leis e por meio das mesmas leis".

Ellen Gould White
Escritora, conferencista, conselheira
e educadora norte-americana.
(1827-1915)

Prefácio

Este livro procura apresentar, de forma evidente, direta, e sucinta os fundamentos necessários à compreensão da ciência da Absorciologia. É absolutamente necessário deixar bem claro que esta pequena obra está muito distante de ser um tratado completo da ciência da Absorciologia. Mesmo porque não tem a pretensão de esgotar todas possíveis questões relativas ao conhecimento do tema. Na verdade, trata-se de um ensaio de cunho eminentemente didático. E por este motivo, as deduções e definições apresentadas são demonstradas passo a passo, visando unicamente o pleno entendimento do assunto considerado.

Esta pequena obra pretende transmitir ao leitor não somente uma visão panorâmica e sintética dos principais temas que caracterizam a Absorciologia, mas também visa delimitar os conceitos fundamentais à elaboração científica dessa ciência.

Ao trazer ao público ledor esta obra, tenho o dever de ressaltar algumas características que singularizam as questões aqui ventiladas. Cada capítulo deste trabalho procura apresentar um aspecto diferente da mesma realidade.

O primeiro capítulo apresenta as definições básicas e necessárias ao entendimento da Absorciologia. O segundo capítulo é caracterizado pela relação filosófica e matemática entre os conceitos de "corpo absorvedor" e "substância absorta". O terceiro capítulo procura demonstrar os efeitos da absorção sobre o corpo absorvedor. O quarto capítulo preocupa-se em definir matematicamente alguns conceitos que envolvem a origem da absorção. Já o quinto capítulo trata dos fenômenos absorciológicos que ocorrem quando não há alteração no volume do corpo absorvedor.

Evidentemente, reconhecendo a existência de pontos discutíveis e opiniões diversas, confessamos que algumas posições tomadas na elaboração da presente obra advieram de princípios filosóficos e matemáticos arraigados em nosso espírito e também por parecerem mais expressivos para configurarem a ciência da Absorciologia.

Além do mais, o presente ensaio foi escrito no segundo semestre de 1980, quando o autor contava vinte e um anos de idade. Seu principal alvo era ode estabelecer algumas equações que pudessem definir e caracterizar o fenômeno físico de absorção.

Como já foi dito, a presente obra não esgota os assunto que aqui figuram. Seja como for, é uma tentativa de generalizar, descrever e classificar os mais variados fenômenos absorciológicos. Portanto, espero de coração que este livro seja uma luz que venha iluminar uma parte do vasto campo da Física e que o leitor possa estudá-lo com interesse e proveito.

O autor

Sumário

CAPÍTULO I – *Definições Gerais*

CAPÍTULO II – *Introdução Geral à Absorciologia*

03. Teor Maciço
04. Teor Isocórico
05. Porosidade e Vazios
06. Fator de Absorção
07. Concentração de Absorção
08. Classificação dos Fluidos Absorvidos

FORMULÁRIO
TABELA DE SÍMBOLOS
GLOSSÁRIO
BIBLIOGRAFIA

CAPÍTULO I

DEFINIÇÕES GERAIS

01. INTRODUÇÃO

Ao iniciar o estudo da *"Absorciologia"*, é absolutamente necessário que se conheça certas definições fundamentais, muito empregadas no decorrer do presente tratado.

02. ABSORVER

O termo absorver, aplicado na presente teoria, significa, todo e qualquer corpo capaz de sugar qualquer fluído para o seu interior.

03. CORPO ABSORVEDOR

É todo copo com a propriedade de absorver um fluído qualquer e na ausência do mesmo, retornar ao seu estado primitivo.

Um exemplo de corpo absorvente é bem caracterizado pela *"madeira"*.

04. CORPOS SECOS

São corpos absorvedores que se encontram em um estado caracterizado pela ausência de fluídos.

05. ABSORCIOLOGIA

Parte da física de Leandro que tem por objetivo realizar o estudo dos corpos absorvedores de fluídos.

06. ABSORMETRIA

Ciência que tem por fim determinar o estado de absorção de um corpo qualquer.

07. ABSORDINÂMICA

Parte da física de Leandro que trata das relações entre fenômenos mecânicos e os caracterizados pela Absorciologia.

08. SECADOR

Instrumento desenvolvido exclusivamente para fazer evaporar a parte líquida de um corpo absorvedor qualquer.

09. ABSORMÉTRICO

Adjetivo que significa, estado absormétrico da matéria; ou seja, a quantidade de líquido que ele contém.

10. ABSORMETRO

O absormetro é um instrumento destinado a determinar a quantidade de líquido que a matéria absorve.

11. ABSORCÓPIO

Instrumento que indica aproximadamente a maior ou menor quantidade de líquido na matéria.

12. ABSÓRLICO

Qualquer instrumento movido pela ação da absorção de líquidos.

13. ABSORGENIA

Teoria que explica como a matéria absorve os fluídos difundidos sobre ela.

14. ABSORGRAFIA

Ciência que trata do regime de absorção de cada corpo em particular.

15. ABSORMECÂNICA

Onde se emprega a absorção da matéria como força motriz.

É muito interessante observar que antigamente o mármore era quebrado com cunhas da madeira! Molhava-se a madeira que, ao se expandir fendia o mármore.

16. ABSORLIZAÇÃO

Ato de absorver. Ou estado daquilo que se absorveu.

17. ABSORTÉCNICA

Ciência que versa a aplicação da absorção nas indústrias.

18. ABSORLÁSTICO

Estudo das deformações elásticas provocadas pela absorção de um fluído qualquer.

19. ABSORGRAFO

Instrumento que serve para medir graficamente as variações de fluídos absorvidos pela matéria.

20. INFLUIBILIDADE

Natureza e capacidade de um fluído ser absorvido por um corpo, penetrando nos poros ou nos interstícios do referido corpo.

CAPÍTULO II

INTRODUÇÃO GERAL A ABSORCIOLOGIA

01. INTRODUÇÃO

A Absorciologia é uma importante parte da física de Leandro, em razão de sua ampla aplicabilidade em fenômenos elementares. A Absorciologia preocupa-se com o estudo das mais diversas situações que envolvem a absorção de fluídos pelos corpos absorvedores. No presente tratado, vou considerar a madeira e a água como os dois conceitos universais sobre os quais vou fundamentar toda as minhas experiências e conclusões. Nesta pequena introdução geral a Absorciologia, vou procurar apresentar alguns conceitos de absorvidade, acentuando o caráter causa e efeito.

02. LÍQUIDOS E ABSORVEDORES

Um pedaço de madeira imerso em água absorve sempre uma determinada quantidade de água. Quanto mais quente for o ambiente, maior será a quantidade de água que ele pode conter. No presente tratado, vou sempre procurar estudar a absorvidade numa temperatura constante, salve ressalva contrária.

03. SUBSTÂNCIAS ABSORVEDORAS

Substâncias que como o sal ou a madeira, absorvem a água, são denominadas por substâncias absorvedoras.

As experiências largamente realizadas indicam que um pedaço de madeira aumenta de comprimento quando molhado e fica mais curto quando seco. É nesta propriedade que se baseia o chamado *"absormetro de madeira"*.

04. ENCHARCAMENTO

Existe um limite, acima do qual um corpo absorvedor não pode conter mais água. Desse modo, quando um pedaço de madeira apresenta o máximo de água que pode conter, diz-se que o mesmo está encharcado.

O volume de água que um certo volume de absorvedor pode conter depende da temperatura.

05. EFEITOS DA ABSORVIÇÃO

É extremamente importante mostrar que o conceito caracterizado pela absorção de líquidos pela matéria, generaliza vários efeitos distintos entre si, originando por conseqüência, a divisão da Absorciologia em vários capítulos, com fins exclusivamente didáticos.

Quando o fluído a ser absorvido, envolve certas substâncias absorvedoras, pode provocar o aparecimento de uma série de efeitos, dependendo evidentemente de sua quantidade e da natureza do corpo que por ele encontra-se envolvido.

Passarei, agora, a apresentar alguns desses efeitos:

a) Efeito Absormétrico
O referido efeito é aquele caracterizado pela expansão ou contração de corpos absorvedores, pela ação das substâncias absorvidas. Esse fenômeno caracteriza uma parte da Absorciologia, denominada por absorciometria.

b) Efeito absorciodinâmico
Esse efeito é caracterizado pelo estudo das forças e energias oriundas da absorção. O referido fenômeno origina uma parte da Absorciologia, denominada por absorciodinânica.

c) Efeito Químico
Trata-se do estudo da influência da absorção de fluídos em certas reações químicas.

d) Efeito Elétrico.
Estuda a influência da absorção de fluídos por corpos eletricamente carregados.

e) Efeito Térmico
Realiza o estudo da absorção de fluídos por corpos absorvedores em qualquer grau de temperatura.

06. DEFINIÇÕES FUNDAMENTAIS

No intuito de generalizar os conceitos apresentados na presente obra, fui dirigido a apresentar duas definições básicas:

a) Corpo absorvedor
É toda e qualquer forma de matéria que apresenta a faculdade de absorver um determinado ou qualquer tipo de fluído.
Num exemplo típico de corpo absorvedor é caracterizado pelos mais diferentes tipos de madeiras, mata-borrão, etc.

b) Substância absorta
É todo e qualquer fluído que permite sua absorção pela matéria, são denominadas por substâncias absortas.
Um exemplo universal de substância absorta é a água.

07. *RECONHECIMENTO DOS ABSORVEDORES*

Vou supor que se deseja estudar o comportamento experimental das expansões apresentadas pelos corpos absorvedores. Considere que esse corpo esteja fixo por uma de suas extremidades a um referencial inercial. Assim, ao envolvê-lo em uma substância absorta, verificar-se-á o aparecimento de uma expansão no dito corpo. E o mesmo somente retornará ao seu estado primitivo, quando estiver totalmente seco. Assim, esse comportamento observado experimentalmente, sugere a existência de uma propriedade inerente a alguns corpos; propriedade esta, denominada por "*absorciológicas*".

Desse modo, as mais distintas experiências que tenho realizado, indicam que somente os corpos absorvedores ao serem envolvidos por substâncias absortas, podem sofrer uma expansão, fenômeno que não ocorre, logicamente, com os chamados corpos estagnados.

Logo, existem corpos absorvedores e corpos estagnados, dessa maneira, resta apurar quais são esses corpos e como reconhecê-los. Para isso, deve-se verificar experimentalmente o reconhecimento dos referidos corpos, bastando simplesmente, aplicar o princípio fundamental que rege a propriedade existente nos corpos absorvedores.

Esse princípio é caracterizado por dois parágrafos e são os seguintes:

§ 1º - Todo corpo absorvedor sofre uma expansão ao ser imerso numa substância absorta.

§ 2º - Todo e qualquer corpo estagnado não apresenta expansão ao entrar em contato com uma substância absorta.

Uma propriedade muito importante dos corpos absorvedores é enunciada nos seguintes termos:

"Ao envolver um certo absorvedor, inicialmente seco, numa substância absorta, o referido corpo sofre uma expansão e retorna o seu estado primitivo quando se torna seco".

Verifica-se experimentalmente que são exemplos e corpos absorvedores:

a) sal;
b) madeira;
c) tijolo; etc...

08. ESTADOS ABSORVITIVOS DA MATÉRIA

Acostuma-se facilmente com o fato do corpo absorvedor apresentar-se sob a forma de expansão ou sob a forma de contração ao seu estado primitivo. Podendo passar de uma situação para outra. Desse modo, afirmo, que os corpos absorvedores, distinguem-se sob duas fases distintas:

a) Fase de expansão:
A fase de expansão é a fase em que ocorre propriamente dito, a expansão; ou seja, a fase iniciada no momento em que se submete o corpo absorvedor

numa substância absorta e termina quando o corpo sofre uma expansão máxima; ou seja, quando o corpo absorvedor fica encharcado de substância absorta.

b) Fase de contração:

A fase de contração é aquela em que ocorre a contração; ou melhor, aquela fase iniciada a partir da máxima expansão e que se prolonga até o instante em que o corpo absorvedor retorna ao seu estado de contração máxima; ou seja, quando fica seco.

As fases de *expansão* ou *contração* constituem os estados absorvitivos da matéria. Logo, de um modo geral, os corpos absorvedores existentes podem ser encontrados em dois estados distintos: em fase de expansão ou em fase de contração.

Na fase que caracteriza a expansão ou a contração, o copo absorvedor não apresenta volume ou comprimento bem definidos. Quando se encontra no estado "*neutro*"; ou seja, absolutamente seco, apresenta volume, comprimento e forma bem definida e constante.

09. NOÇÃO DE INFLUIBILIDADE

A influibilidade de uma substância absorta é uma grandeza física que constantemente vou comentar na presente obra.

A referida grandeza caracteriza uma propriedade das substâncias absortas.

Uma definição eminentemente fenomenal implica que a influibilidade é o grau de medida do estado de fluidez das substâncias absortas. Ou seja, é a propriedade de qualquer fluído de penetrar nos interstícios da matéria.

10. GRAU DE INFLUIBILIDADE VOLUMÉTRICO

No presente item vou procurar apresentar a definição matemática de influibilidade.

Ao imergir numa substância absorta, um corpo absorvedor de volume inicial igual a (V_0), este absorve um determinado volume (v_a) da substância absorta.

Imergindo, novamente, na mesma substância absorta, outro corpo absorvedor com as mesmas características do primeiro; porém, com a exceção de apresentar o dobro do volume inicial do primeiro $(2V_0)$; absorve um volume de substância absorta, igual ao dobro do volume anterior $(2v_a)$. Para um outro volume inicial imerso na mesma substância absorta, acarretará a absorção de um volume proporcional. Esta experiência representa uma das leis fundamentais do presente tratado e indica que o volume de substância absorta absorvida por um corpo absorvedor é diretamente proporcional ao volume inicial do corpo absorvedor.

Simbolicamente, o referido enunciado é expresso pela seguinte equação:

$$V_a = K . V_0$$

Repetindo a mesma experiência para os corpos absorvedores constituídos por materiais distintos, verifica-se o mesmo comportamento proporcional, embora o valor numérico da constante modifique. Portanto, isto significa que a constante K varia de acordo com a natureza do material absorvedor.

Entretanto, uma outra experiência elementar, mostra que, quando um mesmo corpo absorvedor é imerso em uma série de substâncias absortas distintas; a constante K se modifica em cada caso particular. Portanto, isto implica que a constante K varia de acordo com a natureza da substância absorta.

Esta última experiência é explicada exclusivamente através do fenômeno da influibilidade. Ou seja, quanto maior for a influibilidade da substância absorta, maior será o volume que penetra através dos interstícios do corpo absorvedor.

Logo, para poder medir a grandeza física que denominei por influibilidade, terei que considerar alguns parâmetros como absolutamente constantes.

Vou considerar que, em qualquer experiência que se realize para medir a influibilidade de uma dada substância absorta, deve-se convencionar universalmente a característica natural do corpo absorvedor, como absolutamente constante; ou seja, esse corpo deverá servir como referência.

Isso significa que a influibilidade será medida sempre em relação a um determinado corpo absorvedor. Desse modo, conclui-se que a influibilidade de uma substância absorta é igual ao quociente do volume de substância absorta absorvida, inverso pelo volume inicial do corpo absorvedor de referência. O referido enunciado é expresso simbolicamente pela seguinte equação:

$$i = v_a/V_{0\,ref}$$

Portanto, quanto maior for o volume absorvido pelo corpo absorvedor de referência, tanto maior será a influibilidade da substância absorta.

Com relação à última expressão, posso escrever que:

$$v_{a1}/v_{a2} = V_{a1\,ref}/V_{a2\,ref}$$

Graficamente apresenta o seguinte diagrama:

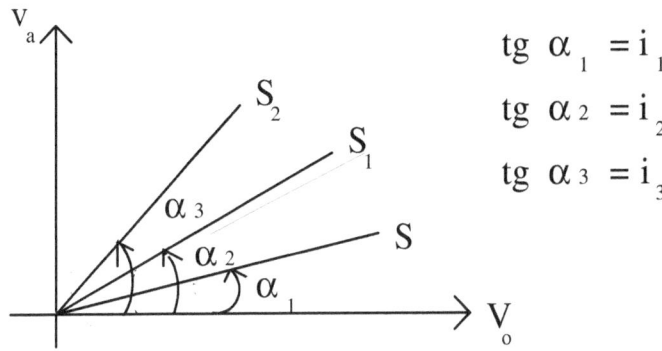

Porém, é muito mais prático, considerar universalmente um volume de referência para o corpo absorvedor.

Assim, na escala internacional, o volume de referência seria de um centímetro cúbico e de um metro cúbico.

Dessa maneira, no laboratório, bastará simplesmente imergir numa substância absorta, o corpo absorvedor de referência e medir o volume absorvido para se determinar a influibilidade da referida substância.

Portanto, posso concluir que a influibilidade de uma substância absorta medida no corpo absorvedor universal de referência é igual ao volume que o mesmo absorve.

Simbolicamente, o referido enunciado é expresso pela seguinte igualdade.

$$i = v_a$$

11. UNIDADE DE INFLUIBILIDADE

Como na definição de influibilidade, os volumes são expressos na mesma unidade, resulta que a influibilidade é um número puro que denominei simplesmente por grau (°).

12. PORCENTAGEM EM FLUIDEZ

A porcentagem em fluidez pode ser calculada multiplicando a influibilidade por cem. Observe que também essa unidade é um número puro.

Simbolicamente, posso escrever que:

$$P_i = i \cdot 100 = v_a \cdot 100$$

13. INFLUIBILIDADE ABSORVIDA

Fundamentado na definição matemática de influibilidade de uma substância absorta, posso afirmar que a mesma caracteriza a natureza do "*seco*" e "*encharcado*". Observe que ao empregar as referidas noções, estou procurando caracterizar uma noção subjetiva de influibilidade que de certo modo representa uma tendência natural de relacionar às sensações biológicas, o que, como tenho afirmado em outros livros, não é muito científico caracterizar sensações com fatos mensuráveis. Desse modo, posso supor que o fenômeno da expansão de um corpo absorvedor é a base fundamental para a medida da influibilidade das substâncias absortas. Logo, supondo que não ocorra mudança de fase, quando o corpo absorvedor é imerso em uma substância absorta, ocorre uma expansão no referido corpo. Ao extrair a ação da substância absorta do corpo absorvedor, a expansão do mesmo decresce; ou em outros termos, eu diria que a contração aumenta.

A transferência da influibilidade para provocar o aparecimento da expansão somente pode ser explicada pela absorção de um determinado volume da substância absorta, ou oriunda de um outro corpo absorvedor. Dessa maneira, se dois corpos absorvedores em estados distintos de influibilidade forem colocados juntos com o corpo de menor grau de influibilidade, tende a extrair a influibilidade do corpo de maior grau, até que seja alcançado o que tenho denominado por "*equilíbrio absorvitivo*". Em outros termos, ocorre uma passagem de influibilidade do corpo com maior grau, para o mais seco.

"A situação resultante do equilíbrio que traduz uma igualdade de influibilidade, constitui o chamado *equilíbrio absorvitivo*. Dessa forma, quando dois corpos estão em equilíbrio absorvitivo, possuem obrigatoriamente influibilidade iguais".

A experiência permite concluir a seguinte verdade: "se dois corpos estão em equilíbrio absorvitivo com um terceiro; então, estão em equilíbrio absorvitivo entre si".

Logo, se um corpo "x", está em equilíbrio absorvitivo com um corpo "y" e com um corpo "z" também está em equilíbrio absorvitivo com o corpo "y"; então os corpos "x e y", estão em equilíbrio absorvitivo entre si.

Esquematizando o que acabei de concluir posso escrever que:

[x (~) i], [z (~) i], portanto, [x (~) z]

No referido esquema represento o equilíbrio absorvitivo pelo símbolo (~).

Tendo em vista o que foi verificado, posso concluir que a soma da influibilidade resultante com a influibilidade inicial é nula no equilíbrio absorvitivo.

14. TIPOS DE CORPOS ABSORVEDORES

Ao estudar experimentalmente os mais diversos corpos, pude constatar que alguns absorvem muito bem a influibilidade, enquanto que outros absorvem apenas uma parte ou então nada.

Dessa maneira, baseando-me nestas conclusões, classifiquei os corpos absorvedores em três classes distintas entre si, e são as seguintes:

a) Primeira classe
A primeira classe dos absorvedores é aquela que caracteriza os corpos bons absorvedores de influibilidade.

b) Segunda classe

A segunda classe é caracterizada pelos corpos semi-absorvedores; ou seja, absorve apenas uma parte da influibilidade.

c) Terceira classe

A presente classe é caracterizada pelos corpos que não absorvem de nenhuma forma as influibilidades.

15. DEFINIÇÃO MATEMÁTICA DE FRAÇÃO ABSOLAR EM MASSA

A Fração absolar é a relação entre a massa do corpo absorvedor (m_0) e a massa da substância absorta (m_a) adicionada com a massa do corpo absorvedor (m_0).

$$f = m_0/(m_0 + m_a)$$

Porém, a massa (m_f) resultante no final do fenômeno é a soma das massas da substância absorta e a do corpo absorvedor.

Simbolicamente, o referido enunciado é expresso por:

$$mf = m_0 + m_a$$

Substituindo convenientemente as duas últimas expressões, resulta que:

$$f = m_0/m_f$$

16. PORCENTAGEM EM PESO

A porcentagem em peso pode ser calculada multiplicando a fração absolar por cem. Observe que essa unidade é um número puro.

$$f\% = f \cdot 100 = m_0 \cdot 100/m = m_0 \cdot 100/(m_0 + m_a)$$

Se existirem vários corpos absorvedores imersos numa única substância absorta; então, posso escrever que:

$$f\% = m_0 \cdot 100/\Sigma m$$

17. FRAÇÃO ABSOLAR EM VOLUME

A fração absolar em volume é igual ao volume inicial do corpo absorvedor (V_0) imersa pelo volume final do corpo absorvedor (V_f) ao ser imerso numa substância absorta.

Simbolicamente, o referido enunciado é expresso pela seguinte relação:

$$F = V_0/V_f$$

18. PORCENTAGEM EM VOLUME

A porcentagem em volume pode ser calculada multiplicando a fração absolar em volume por cem. Note que também essa unidade é um número puro.

$$F\% = F . 100 = V_0 . 100/V_f$$

19. FRAÇÃO ABSOLAR DESCONTÍNUA EM VOLUME

Nem sempre o volume final, que resulta de um corpo absorvedor ao absorver um determinado volume de substância absorta, é a soma desses dois últimos volumes.

Por esse motivo, fundamentado em fins exclusivamente práticos, procurei definir a fração absolar descontínua como sendo igual ao quociente do volume inicial de corpo absorvedor (V_0) imerso pela soma do volume absorvido adicionado com o volume inicial do referido corpo.

Simbolicamente, posso escrever que:

$$y = V_0/(v + V_0)$$

20. PORCENTAGEM DE VOLUME DESCONTÍNUO

A porcentagem de volume descontínuo é calculada multiplicando a fração absolar descontínua em volume por cem.

O referido enunciado é expresso por:

$$y\% = y \cdot 100 = V_0 \cdot 100/(v + V_0)$$

21. CONCENTRAÇÃO ABSOLAR

Quando um corpo absorvedor é imerso numa substância absorta, ele absorve uma determinada quantidade de massa e passa a apresentar um volume final.

Então, defini a concentração absolar (C) como sendo igual à massa inicial do corpo absorvedor inversa pelo volume final.

Simbolicamente, o referido enunciado é expresso pela seguinte relação:

$$C = m_0/V_f$$

22. DENSIDADE ABSOLAR

De maneira generalizada, a densidade resultante de um corpo absorvedor ao absorver uma determinada quantidade de substância absorta é a relação entre a massa final e o volume final; ambos resultantes após o processamento do fenômeno.

Simbolicamente, o referido enunciado é expresso pela seguinte relação:

$$\mu = m_f/V_f = (m_0 + m_a)/V_f$$

23. RELAÇÃO ENTRE DENSIDADE, CONCENTRAÇÃO ABSOLAR E FRAÇÃO ABSOLAR EM MASSA.

Afirmei que a fração absolar em massa é igual à massa do corpo absorvedor dividido pela massa final que resulta do corpo e a substância absorta.

Simbolicamente, o referido enunciado é expresso pela seguinte relação matemática:

$$f = m_0/m_f$$

Demonstrei, também, que a massa final que resulta no fenômeno da absorção é igual ao volume final em produto com a densidade.

O referido enunciado é expresso simbolicamente por:

$$m_f = V_f \cdot \mu$$

Logo, substituindo convenientemente as duas últimas expressões, resulta que:

$$f = m_0/V_f \cdot \mu$$

Porém, demonstrei que a massa inicial de um corpo absorvedor é igual ao volume final que resulta do fenômeno da absorção em produto com a concentração absolar. Simbolicamente, o referido enunciado é expresso por:

$$f = m_0 = V_f \cdot C$$

Substituindo convenientemente as duas últimas expressões, resulta que:

$$f = V_f \cdot C/V_f \cdot \mu$$

Eliminando os termos em evidência, resulta que:

$$f = C/\mu$$

Logo, posso concluir que a fração absolar em massa é igual ao quociente da concentração inversa pela densidade absolar.

24. FUNDAMENTOS DAS CLASSES ABSORVEDORAS

Em meus estudos sobre a absorvidade, pude dividir os corpos absorvedores em três grandes classes. Essas classes serão estudadas novamente no presente item.

Para poder avaliar em que proporção o campo absorve um determinado grau de influibilidade; passo a definir as seguintes grandezas dimensionais:

a) *absorvidade*

b) *semi-absorvidade*

c) *absorvidade neutra*

Desse modo, quando um grau de influibilidade de uma substância absorta qualquer, envolve um corpo absorvedor, ela pode ser parcialmente absorvida, pode ser semi-absorvida ou ainda não ser absorvida, evidentemente dependendo da natureza do corpo.

Sendo que (Q_R) representa uma quantidade de substância absorta em um grau de influibilidade qualquer.

Seja (Q_A) a parcela absorvida, (Q_S) a parcela semi-absorvida e (Q_N) a parcela que não foi absorvida.

Logo posso escrever que:

$$Q_R = Q_A + Q_S + Q_N$$

As grandezas adimensionais são as seguintes:

a) *absorvidade* $a = Q_A/Q_R$

b) *Semi-absorvidade* $s = Q_S/Q_R$

c) *absorvidade neutra* $n = Q_N/Q_R$

Somando as três grandezas, obtém-se que:

$$a + s + n = Q_A/Q_R + Q_S/Q_R + Q_N/Q_R = (Q_A + Q_S + Q_N)/Q_R = Q_R/Q_R = 1$$

Portanto, conclui-se que:

$$a + s + n = 1$$

Assim, por exemplo, quando um corpo apresentar absorvidade $a = 0,7$, significa que 70% da influibilidade nele incidente foi absorvida. Os restantes 30% devem se dividir entre a semi-absorção e a absorção neutra.

Quando ocorre a absorção neutra ($n = 0$), o corpo apresenta:

$$a + s = 1$$

Por definição, um absorvedor ideal é o corpo que absorve toda a influibilidade que nele envolve. Decorre daí que sua absorvidade neutra é nula ($n = 0$) e sua semi-absorvidade também é nula ($s = 0$).

25. TEOREMA FUNDAMENTAL VOLUMÉTRICO

Quando um bom copo absorvedor for envolvido por uma substância absorta, ele absorve a referida substância sofrendo uma expansão. E após alguns momentos, o sistema entra em equilíbrio absorvitivo. Esse equilíbrio sugere a existência do chamado *"teorema fundamental volumétrico"*; assim enunciado: A variação de influibilidade de um sistema em equilíbrio é transmitida integralmente para todos os pontos do corpo absorvedor.

Assim, conclui-se que a expansão é sempre o limite da influibilidade volumétrica absorvida pelo corpo.

Supondo que na expansão Δe_1, a influibilidade varie de Δi_1 e como conseqüência, na expansão Δe_2, varie de Δi_2.

Então, posso afirmar que em um mesmo sistema dentro da zona absorvitiva, em equilíbrio, a influibilidade absorvida se iguala ao limite da expansão.

De onde se conclui que:

$$\Delta i = \Delta e$$

E como Δi é o limite de Δe, posso afirmar o seguinte:

$$\Delta i_1 / \Delta i_2 = \Delta e_1 / \Delta e_2$$

Ou em relações mais práticas:

$$\Delta i_1/\Delta e_1 = \Delta i_2/\Delta e_2$$

A conclusão que se pode tirar disso é a seguinte: as expansões oriundas dos corpos absorvedores, de mesmas características, são inversamente proporcionais às influibilidades.

26. GRAU DE INFLUIBILIDADE EM MASSA

Muitos corpos absorvedores, quando absorvem alguma substância absorta, não sofrem variações de volumes. E como exemplo, cito as esponjas.

As esponjas, em geral, são substâncias porosas e de baixa densidade que são muito empregadas em usos domésticos, por causa da sua propriedade de absorver e reter as substâncias absortas em que são mergulhadas.

Como não sofre variações de volumes; então, posso afirmar categoricamente que a melhor maneira de se definir o estado de influibilidade da matéria é através da massa absorvida, em vez do volume.

Sempre que um corpo absorvedor for imerso numa substância absorta, sua massa varia de acordo com a natureza da substância absorta.

Mantendo-se o mesmo corpo absorvedor, verifica-se que essa massa absorvida varia de substância absorta para substância absorta. E nestas substâncias, quanto maior for a massa absorvida que um mesmo corpo absorvedor puder absorver, tanto maior será a influibilidade de tal substância.

À medida desse fenômeno dá-se a denominação de *"grau de influibilidade"*. Dessa forma o grau de influibilidade é uma grandeza associada à absorção de massa de substância absorta e mede a massa absorvida por um mesmo corpo absorvedor.

Uma mesma substância absorta apresenta grau de influibilidade absoluta, pois o corpo absorvedor de referência absorve massas iguais quando apresenta massas iniciais iguais.

Pude verificar experimentalmente que considerar um corpo absorvedor de referência de massa inicial M_0 igual a x (M_0 = x), imerso numa substância absorta, esse corpo absorverá uma determinada quantidade de massa da substância absorta (m_a) igual a y (m_a = y).

Do mesmo modo, ao imergir na mesma substância absorta, um corpo absorvedor com as mesmas características do primeiro; porém, com o dobro da massa inicial M_0 = 2x; esse corpo absorverá uma quantidade de massa (m_a) igual ao dobro da primeira m_a = 2y.

O mesmo fenômeno será verificado com um terceiro, com um quarto corpo absorvedor; respectivamente de massa inicial M_0, triplicada (M_0 = 3x); quadruplicada (M_0 = 4x); e como os corpos absorvedores considerados são de mesmas naturezas; então a massa absorvida será respectivamente, triplicada m_a = 3y; quadruplicada (m_a = 4y).

Repetindo-se a presente experiência tantas vezes o quanto se desejar, o mesmo fenômeno será verificado. Nessas condições, a proporcionalidade registrada entre as massas absorvidas e a massa inicial permanece constante, enquanto a natureza do corpo absorvedor permanece constante. Costumo afirmar que essa constante é a característica que define o grau de influibilidade em massa. Logo, posso afirmar que o grau de influibilidade é igual ao quociente da massa absorvida inversa pela massa inicial do corpo absorvedor de referência. Simbolicamente, o referido enunciado é expresso pela seguinte relação:

$$i = m/M_{0\,ref}$$

Observe que a unidade do grau de influibilidade em massa é expressa por um número puro, pois resulta da divisão de dois valores de mesma grandeza.

27. RELAÇÃO ENTRE INFLUIBILIDADE EM VOLUME E EM MASSA.

Demonstrei que a influibilidade em volume e igual ao quociente do volume absorvido, inverso pelo volume inicial do corpo absorvedor de referência. Simbolicamente, o referido enunciado é expresso pela seguinte relação:

$$i_v = v_a/V_{0\,ref}$$

Cheguei a definir que o volume em massa é igual ao quociente da massa absorvida, inversa pela massa inicial do corpo absorvedor de referência. O referido enunciado é expresso simbolicamente pela seguinte relação:

$$i = m_a/M_{0\,ref}$$

Então, a relação existente entre i_v e i_m, implica que:

$$i_v\ e\ i_m = (v_a/V_{0\,ref})/(m_a/M_{0\,ref})$$

Logo, vem que:

$$i_v\ e\ i_m = v_a \cdot M_{0\,ref}/(m_a/V_{0\,ref})$$

Porém, a densidade do corpo absorvedor de referência é igual ao quociente da massa inicial inversa pelo volume inicial. Simbolicamente, o referido enunciado é expresso pela seguinte relação:

$$\mu_{C\,ref} = M_{0\,ref}/V_{0\,ref}$$

Logo, substituindo convenientemente as duas últimas expressões, vem que:

$$i_v/i_m = v_a/m_a \cdot \mu_{C\,ref}$$

Sendo que o inverso da densidade da substância absorta é igual ao quociente do volume absorvido inverso pela massa absorvida. Simbolicamente, o referido enunciado é expresso por:

$$1/\mu_S = v_a/m_a$$

Então, substituindo convenientemente as duas últimas expressões, vem que:

$$i_v/i_m = \mu_{C\,ref}/\mu_S$$

Logo, posso concluir que a relação entre a influibilidade volumétrica pela influibilidade em massa é igual ao quociente da densidade do corpo absorvedor de referência inverso pela densidade da substância absorta.

28. ABSORVIDADE EM MASSA

No presente item, vou procurar apresentar a noção de absorvidade.

Sempre que um corpo absorvedor for imerso numa substância absorta, ele absorve uma determinada quantidade de massa que varia de acordo com a influibilidade dessa substância e de acordo com sua natureza.

Mantendo-se a substância absorta constante; ou seja, mantendo-se o grau de influibilidade constante, verifica-se que a variação da massa absorvida varia de um corpo absorvedor para outro. E nestes corpos, quanto maior for a massa absorvida da substância de referência, maior será a absorvidade desse corpo.

À medida do referido fenômeno dá-se a denominação de *"grau de absorvidade"*. Dessa maneira, o grau de absorvidade é uma grandeza associada à massa absorvida e mede a variação de massa absorvida de uma substância absorta de referência.

Considere a água como a substância absorta de referência universal.

Em um mesmo corpo absorvedor, o grau de absorvidade permanece constante, pois o corpo absorve massas iguais quando apresenta massa inicial iguais; ou seja, o grau de absorvidade em qualquer massa inicial apresenta valores numericamente iguais. Quando isso ocorre diz-se que o grau de absorvidade é constante com a massa inicial do corpo absorvedor.

O grau de absorvidade é tanto maior quanto maior for a quantidade de massa absorvida e é tanto menor quanto maior for a massa inicial do corpo absorvedor.

Em uma mesma substância absorta; qualquer quantidade de massa absorvida que se verifique, o grau de absorvidade permanece constante. Isto se deve ao fato da massa absorvida ser proporcional à massa inicial do corpo. Dessa forma posso estabelecer uma lei que permite determinar o grau de absorvidade dos corpos e essa lei é enunciada nos seguintes termos:

"O grau de absorvidade de um corpo absorvedor, medido em relação à substância absorta universal de referência, é igual ao quociente da massa absorvida de tal substância absorta, inversa pela massa inicial do corpo absorvedor".

Simbolicamente, o referido enunciado é expresso pela seguinte relação:

$$a_m = m_{a\,ref} \cdot M_0$$

Note que a unidade de absorvidade em massa é expressa por um número puro, pois resulta da divisão de dois valores de mesma grandeza. Por esse motivo eu denominei tal unidade de grau e que se representa pelo seguinte símbolo: ($^{\circ}$).

29. OBSERVAÇÃO FUNDAMENTAL ENTRE INFLUIBILIDADE E ABSORVIDADE

Observe que para poder medir a influibilidade das mais diferentes substâncias absortas, eu fixei um *corpo absorvedor* de referência.

Note que para poder medir a absorvidade dos mais diferentes corpos absorvedores, eu fixei uma *substância absorta* de referência.

30. ABSORVIDADE EM VOLUME

É possível verificar experimentalmente que, ao considerar uma substância absorta de referência, envolvendo um determinado corpo absorvedor de volume inicial V_0 igual a x ($V_0 = x$), tal corpo absorverá um determinado volume v_a igual a y ($v_a = y$) da substância absorta. Evidentemente tal fenômeno somente ocorrerá quando houver atingido o equilíbrio absorvitivo.

Do mesmo modo, ao imergir na mesma substância absorta, um corpo absorvedor com as mesmas características do primeiro; porém, com o dobro do volume inicial $V_0 = 2x$; esse corpo absorverá um determinado volume v_a igual ao dobro do primeiro $v_a = 2y$.

Repetindo se a presente experiência tantas vezes o quando se almejar, o mesmo fenômeno será verificado. Nessas condições, a proporcionalidade registrada entre os volumes absorvidos e os volumes iniciais, permanece absolutamente constante, evidentemente, enquanto a natureza do corpo absorvedor ou da substância absorta permanece constante.

Costumo afirmar que esta constante é a grandeza que define o grau de absorvidade em volume.

Logo, posso afirmar que o grau de absorvidade, medido em relação a uma substância absorta de referência, é igual ao quociente do volume absorvido da substância absorta de referência, inversa pelo volume inicial do corpo absorvedor.

Simbolicamente, o referido enunciado é expresso pela seguinte relação:

$$a_V = v_{a\,ref}/V_0$$

31. RELAÇÃO ENTRE ABSORVIDADE EM MASSA E EM VOLUME

Demonstrei que a absorvidade em volume é igual ao quociente do volume absorvido da substância de referência, inversa pelo volume do corpo absorvedor.

Simbolicamente, o referido enunciado é expresso pela seguinte relação:

$$a_V = v_{a\,ref}/V_0$$

Afirmei que a absorvidade em massa é igual ao quociente da massa absorvida da substância absorta de referência, inversa pela massa inicial do corpo absorvedor.

O referido enunciado é expresso simbolicamente pela seguinte relação:

$$a_M = m_{a\,ref}/M_0$$

Dividindo membro a membro, vem que:

$$a_V/a_M = (v_{a\ ref}/V_0)/(m_{a\ ref}/M_0)$$

Logo, resulta que:

$$a_V/a_M = (M_0 \cdot v_{a\ ref})/(V_0 \cdot m_{a\ ref})$$

Porém, sabe-se que a densidade do corpo absorvedor no seu estado inicial; ou seja, seco, é igual ao quociente de sua massa inicial, inversa pelo volume inicial do corpo absorvedor. Simbolicamente o referido enunciado é expresso pela seguinte relação:

$$\mu_C = M_0/V_0$$

Então, substituindo convenientemente as duas últimas expressões, resulta que:

$$a_V/a_M = v_{a\ ref} \cdot \mu_C/m_{a\ ref}$$

Mas, o inverso da densidade da substância absorta absorvida é igual ao quociente do volume absorvido inverso pela massa absorvida. O referido enunciado é expresso simbolicamente pela seguinte relação:

$$1/\mu_{S\ ref} = v_{a\ ref}/m_{a\ ref}$$

Logo, substituindo convenientemente as duas últimas expressões, vem que:

$$a_V/a_M = \mu_C/\mu_{S\,ref}$$

Assim, posso concluir que a relação existente entre o grau de absorvidade em volume e em massa é igual ao quociente da densidade do corpo absorvedor de referência, inversa pela densidade da substância absorta de referência.

32. CONCLUSÕES FUNDAMENTAIS

a) A primeira conclusão que se tira do estudo realizado até o presente momento é que a razão de m_a para M_0 difere de substância absorta para substância absorta;

b) A segunda conclusão que se tira do estudo realizado até o presente momento é que a razão de m_a para M_0, também, difere de um corpo absorvedor para outro;

c) A terceira conclusão que se tira do estudo realizado até o presente momento é que tal constante mantém-se sempre absoluta dentro do mesmo corpo absorvedor e dentro da mesma substância absorta.

33. PRINCIPAIS UNIDADES DE ABSORCIOLOGIA

As unidades predominantes na presente teoria é a de influibilidade, absorvidade e a de comprimento.

A unidade de *"grau"* é a unidade fundamental da Absorciologia do Sistema Internacional de Unidade (S.I.), é denominado simplesmente por grau de influibilidade e por grau de absorvidade e respectivamente representadas pelos símbolos: (° i) e (° a). O quadro que se segue, mostra as unidades em grau e em comprimento.

Grandeza	M.K.S.	C.G.S.	Relações
comprimento	M	cm	$1m = 10^2 cm$
grau	o	o	------------

Logicamente, existe a possibilidade de criar novas unidades; porém as indicadas são as mais práticas.

34. DISTRIBUIÇÃO DA SUBSTÂNCIA ABSORTA

Na situação de equilíbrio absorvitivo, a substância absorta absorvida pelo corpo absorvedor está totalmente distribuída por toda a extensão do referido corpo (evidentemente, supondo-as não concentradas em um único ponto do corpo absorvedor), sendo que essa distribuição pode ser feita em termos lineares, superficiais ou ainda volumétricos. Evidentemente, uma distribuição linear se realiza através de uma linha (caso que se verifica, por exemplo, num palito); já uma distribuição superficial se verifica sobre uma superfície qualquer, como por exemplo, uma tábua; finalmente, uma distribuição volumétrica é verificada por todo um corpo absorvedor.

Logicamente, tal distribuição, não precisa necessariamente ser uniforme, visto que podem existir certas regiões de preferência, onde a concentração da substância absorta seja maior.

CAPÍTULO III

ABSORMÁTICA

01. INTRODUÇÃO

A absormática é uma parte da Absorciologia que tem por objetivo descrever matematicamente a absorção de matéria.

O aumento do grau de influibilidade das substâncias absortas, conseqüentemente acarreta nos corpos absorvedores, um aumento em suas dimensões ou então, um aumento em sua massa. Experimentalmente, são estabelecidas leis para relacionar as variações de suas grandezas com as variações de graus das influibilidades correspondentes. Essas leis são largamente estudadas no presente capítulo.

É extremamente fácil comprovar que ao imergir um corpo absorvedor numa substância absorta, seu volume ou sua massa aumenta. E quanto maior for o grau de influibilidade, tanto maior será a massa absorvida registrada.

É evidente que, se for extraída a substância absorta o corpo, ele retorna ao seu estado primitivo.

02. DEFINIÇÕES

Todo corpo absorvedor sob a ação de um grau de influibilidade qualquer sofre variações em suas dimensões ou em sua massa, chamo a isso por grandezas absorlógicas.

a) Geralmente, quando aumenta o grau de influibilidade das substâncias absortas, suas dimensões aumentam: é o fenômeno que classifiquei por "*grandeza absorlógica volumétrica*".

Ocorre o "*retorno absorlógico*" quando ocorrer a diminuição das dimensões do referido corpo, em virtude da extração da substância absorta dos interstícios do referido corpo.

Portanto, quando o grau de influibilidade aumenta e em conseqüência ocorre o aumento das dimensões do corpo absorvedor, tem-se, então a grandeza absorlógica volumétrica.

Logo, simbolicamente, posso escrever que:

(> i) implica (> D)

b) Quando aumenta o grau de influibilidade das substâncias absortas que envolvem um corpo absorvedor, a massa desse último aumenta em relação ao seu estado primitivo: é o fenômeno que denominei por "*grandeza absorlógica de massa*".

Ocorre o "*retorno absorlógico*" quando ocorrer a diminuição da massa do corpo absorvedor, em virtude da extração da substância absorta que se encontra nos interstícios do referido corpo.

Logo, quando o grau de influibilidade aumenta e em conseqüência ocorre o aumento da massa do corpo absorvedor; tem-se, então, a grandeza absorlógica de massa.

Simbolicamente, a grandeza absorlógica de massa é caracterizada por:

$$(> i) \text{ implica } (> M)$$

03. CLASSIFICAÇÕES DAS ABSORVIÇÕES

Diariamente, os indivíduos deparam com fatos comprovadores de que os corpos absorvedores sofrem variações em suas dimensões e em sua massa, devido a mudança do grau de influibilidade.

Como esses fatos são muito comuns; então, procurei classificar a absorção da seguinte maneira:

a) absormática em massa

b) absormática em volume.

Absormática em massa

Quando se considera a massa dos corpos com o grau de influibilidade, costumo classificar tal fenômeno como absormática em massa.

Absormática em volume

Quando se considera o volume dos corpos com o grau de influibilidade, tem-se o fenômeno chamado por absormática em volume.

04. ESTUDO DA ABSORMÁTICA EM MASSA

Denomina-se absormática em massa, o aumento da massa de um corpo, quando submetido a um grau de influibilidade cada vez maior.

Considere uma viga de madeira, homogênea de secção transversal reta uniforme. Quando imersa numa substância absorta, de grau de influibilidade "i", ela passa a absorver uma quantidade de substância absorta; ou seja, absorve uma determinada quantidade de massa.

Entende-se por variação de massa Δm, somente a massa absorvida da substância absorta.

Desse modo, na absormática em massa, a variação de massa (Δm) do sistema absorvedor, é igual à massa final (m_f) que existe quando o corpo encontra-se encharcado, pela diferença da massa inicial M_0 que o corpo absorvedor apresenta no estado absolutamente seco.

Simbolicamente o referido enunciado é expresso por:

a) $$\Delta m = m_f - M_0$$

Porém, percebe-se facilmente que a massa final (m_f) é igual à soma entre a massa absorvida (m_a) da substância absorta e a massa inicial do corpo absorvedor. O referido enunciado é expresso simbolicamente por:

$$m_f = m_a + M_0$$

Isso me permite escrever que:

b) $$m_a = m_f - M_0$$

Logo, posso concluir que a massa absorvida é igual à massa final pela diferença da massa inicial. Igualando convenientemente os valores das expressões a e b, resulta que:

$$M_a = \Delta m$$

Isso me permite concluir que a massa absorvida é igual à variação de massa.

05. CAPACIDADE ABSORLÓGICA

O armazenamento de substâncias absortas torna-se necessário, muitas vezes, para aplicações imediatas.

Mantendo-se o grau de influibilidade constante, verifica-se que a massa absorvida varia de um corpo absorvedor para outro. E nestes corpos, quanto maior for a massa absorvida de uma mesma substância absorta, maior será a capacidade desse corpo.

À medida desse fenômeno dá-se a denominação de *"capacidade absorlógica"* ou *"capacidade absorvitiva"*. Dessa maneira, a capacidade absorvitiva é uma grandeza associada à massa absorvida.

Defino a capacidade absorlógica, como sendo igual ao quociente da massa inicial do corpo absorvedor, inversa pela variação de massa absorvida.

Simbolicamente, o referido enunciado é expresso por:

$$C = m_0/\Delta m$$

06. EXPANSÃO ABSORLÓGICA

Considere um corpo absorvedor de um determinado material que absolutamente seco apresenta volume (V_0) e massa (m_a) bem determinadas.

Suponha que esse corpo seja imerso numa substância absorta qualquer. Após alguns instantes o corpo absorvedor fica totalmente encharcado.

Comprova-se então, experimentalmente, que a variação da massa absorvida $\Delta m = m - m_0$ é diretamente proporcional tanto à massa inicial do corpo absorvedor quanto à sua variação de

influibilidade em massa. Também se verifica, que o volume absorvido V_a é diretamente proporcional tanto ao volume inicial V_0 do corpo absorvedor, quanto à sua influibilidade em volume.
Ou seja:

a) $\Delta m = K . m_0$ e $\Delta m = K . I_m$

b) $V_a = K . V_0$ e $V_a = K . I_V$

Portanto, posso escrever que:

c) $$m = m_0 (1 + \alpha . I_m)$$

d) $$Va = \gamma . V_0 . I_V$$

Tais expressões são aquelas que permite obter a massa do sistema ou o volume absorvido.

As constantes α e γ são denominadas respectivamente por coeficiente de expansão em massa e coeficiente de expressão da expansão em volume.

A representação cartesiana de m em função de I_m toma o aspecto de uma reta, onde a tangente do ângulo é numericamente igual ao produto entre a massa inicial pelo coeficiente de expansão em massa. Simbolicamente, o referido enunciado é expresso por:

$$tg\ a = m_0 \cdot \alpha$$

07. FLUXO ABSORLÓGICO

Seja (V_0) o volume de um corpo absorvedor absolutamente seco, ao ser imerso em um líquido absorto, o corpo vai absorvê-lo até atingir o estado de encharcamento.

Então, defino a grandeza que denominei por fluxo absorlógico (Φ) como sendo igual ao quociente do volume absorvido, inverso pela variação de tempo em que ocorreu o fenômeno de absorção.

Simbolicamente o referido enunciado é expresso por:

$$\Phi_V = V_a/\Delta t$$

Naturalmente, posso definir fluxo absorlógico (Φ_m) em termos de massa, como sendo igual ao quociente da massa absorvida (m_a), inversa pela variação de tempo em que o fenômeno ocorra.

O referido enunciado é expresso simbolicamente pela seguinte relação:

$$\Phi_V = V_a/\Delta t$$

Como a variação de tempo em Φ_V e Φ_m, são iguais, então, posso escrever que:

$$m_a / \Phi_m = V_a / \Phi_V$$

Também, posso escrever que:

$$m_a / V_a = \Phi_m / \Phi_V$$

Naturalmente a relação m_a/V_0, mede a densidade da substância absorta. Portanto, posso escrever que:

$$d_a = m_a / V_a$$

Igualando convenientemente as duas últimas expressões, posso escrever que:

$$d_a = \Phi_m / \Phi_V$$

08. DUPLOABSORVEDOR

Denomino por duploabsorvedor uma ripa composta de duas fitas delgadas de madeira compensada, de natureza diversa, rigidamente unidas em toda sua extensão. Como as madeiras são diferentes, seus coeficientes de expansão linear médios também o são; então, submetendo um duploabsorvedor na água, uma das fitas de madeira tende se expandir mais do que a outra, porém elas estão rigidamente unidas e, portanto não pode ocorrer nem deslizamento de uma sobre a outra; desse modo, a única forma possível para que uma se expanda mais do que a outra é por meio de uma curvatura, ficando com maior raio a fita que apresentar maior comprimento. Ligando-se as duas fitas em estado absolutamente seco, pode-se utilizar a propriedade da curvatura para a construção de um absorscópio. Para a graduação da escala do absorscópio é necessário o conhecimento do coeficiente de expansão linear médio de cada fita, para que se possa calcular a absorvidade a partir das medidas de comprimento. Naturalmente existe uma série de fenômenos que prejudicam o bom funcionamento desse instrumento, entretanto indica aproximadamente os valores medidos.

09. VOLUME ABSORVIDO

Suponha que um tijolo de barro absolutamente seco (m_i) seja imerso em uma substância absorta, por exemplo, água. Depois de retirado da água o referido tijolo terá uma massa final (m_f). Então se torna evidente que a diferença matemática entre a massa final pela massa inicial é igual à massa de água absorvida.

Simbolicamente, pode-se escrever que:

$$m_a = m_f - m_i$$

Ocorre que a densidade da substância absorta é tabelada previamente. Pois a densidade de uma substância é igual à massa dividida pelo volume. O referido enunciado é expresso por:

$$\mu = m/V$$

Logo, o volume absorvido é igual ao quociente da massa absorvida, inversa pela densidade da referida substância.

Simbolicamente pode-se escrever que:

$$V_a = m_a/\mu$$

Naturalmente, posso também escrever que:

$$V_a = (m_f - m_i)/\mu$$

CAPÍTULO IV

ABSORGENIA

01. INTRODUÇÃO

A absorgenia, segundo Leandro, é a parte da Absorciologia que se preocupa com a natureza e origem da absorção. E neste sentido eu procuro apresentar uma série de equações e propriedades que permitem estabelecer e fundamentar algumas teorias fundamentais ao entendimento da Absorciologia.

02. ELEMENTOS DO ABSORVEDOR

Fundamentalmente, sob o ponto de vista da Absorciologia, os corpos absorvedores (madeiras, esponjas, etc.) são constituídos por partes sólidas ligadas uma a outra, deixando vazios que poderão estar total ou parcialmente preenchidos por água ou ainda ar. É, pois, no caso mais geral, um sistema constituído por três fases; a saber:
a) *Sólida*
b) *Líquida e*
c) *Gasosa*

03. CLASSIFICAÇÃO DA ÁGUA

A água, num corpo absorvedor, pode ser classificada em:

a) Água capilar: É aquela que sobe pelos interstícios capilares deixados pelas partes sólidas do corpo absorvedor, além da superfície livre da água.

b) Água de Constituição: É aquela que faz parte da estrutura molecular de alguns corpos absorvedores.

c) Água Adesiva: É aquela película de água que envolve e adere fortemente às partes sólidas do corpo absorvedor.

No que se refere à fase gasosa, que preenche os vazios das demais fases, é representada pelo ar, vapor d'água, etc...

04. TEOR MACIÇO

Defino a grandeza que chamo por *teor Maciço* (h) de um corpo absorvedor como sendo igual ao quociente entre massa de substância absorta (ex. água) contida num certo volume de um absorvedor, inversa pela massa do absorvedor neste mesmo volume.

Simbolicamente, o referido enunciado expresso em termos percentuais, pode ser representado pela seguinte equação:

$$h\% = m_a . 100/m_f$$

05. TEOR MACIÇO E A DENSIDADE

A densidade de um corpo absorvedor que absorve uma determinada quantidade de substância absorta é igual à relação entre a massa total, (soma das massas do corpo e da substância), pelo volume total que o sistema assume.

Simbolicamente posso escrever que:

$$d = m_t/V_t$$

Onde: $m_t = m_a + m_f$, assim, posso escrever que:

$$d = (m_a + m_f)/Vt$$

Como:

$$h = m_a/m_f$$

Posso escrever que:

$$d = (h . m_f + m_f)/V_t$$

Logo, posso concluir que:

$$d = m_f . (h + 1)/V_t$$

É interessante observar que eu defino uma grandeza denominada por *especifismo* (e) de um corpo absorvedor, como sendo a relação entre a massa do mesmo, pelo volume total assumido quando absorveu uma determinada quantidade de substância absorta. Simbolicamente, posso escrever que:

$$e = m_f/V_t$$

Substituindo as duas últimas expressões, posso estabelecer que:

$$d = e . (h + 1)$$

Também, quero registrar aqui, as seguintes verdades:
a) V_t diferente $V_a + V_f$
b) V_f diferente V_t

06. VAZIOS

A grandeza chamada *vazios* é definida para um corpo absorvedor absolutamente seco, como sendo igual à relação existente entre o volume vazios (V_0) que caracterizam os interstícios do corpo, pelo volume (V_f) sólido do corpo absorvedor.

Simbolicamente, posso escrever que:

$$U = V_0/V_f$$

07. POROSIDADE

O conceito de porosidade se aplica perfeitamente aos corpos absorvedores; é, definido como sendo igual à relação entre o volume de vazio pelo volume total do sistema corpo e substância. Simbolicamente, pode-se escrever que:

$$N = V_0/V_t$$

08. POROSIDADE E VAZIOS

Sabe-se que:
a) $U = V_0/V_f$
b) $N = V_0/V_t$

Logo, pode-se escrever que:

c) $U = N \cdot V_t/V_f$
d) $N = U \cdot V_f/V_t$

Entretanto, apresentei que:

$$e = m_f/V_f$$

Substituindo convenientemente as duas últimas expressões vem que:

$$N = (U \cdot V_f)/(m_f/e)$$

Logo, vem que:

$$N = U \cdot e \cdot V_f/m_f$$

É muito interessante observar que a massa específica de um corpo é igual à relação entre a massa do mesmo pelo volume que apresenta. Simbolicamente, escreve-se que:

$$\mu = m_f/V_f$$

Assim, posso concluir que:

$$N = U \cdot e/\mu$$

09. NÍVEL DE ENCHARCAMENTO

Defino o nível de encharcamento de um corpo absorto, como sendo igual ao quociente do volume da substância absorvida, inversa pelo volume de vazios do corpo absorto.

Simbolicamente, posso escrever em termos de porcentagem, o seguinte:

$$G\% = V_a \cdot 100/V_0$$

10. MASSAS ESPECÍFICAS

A massa específica da substância absorta é expressa por:

$$\mu_a = m_a/V_a$$

A massa específica do corpo absorvedor em seu estado natural é expressa por:

$$\mu_f = m_f/V_f$$

Afirmei que:

$$h = m_a/m_f$$

Substituindo convenientemente as três últimas expressões, vem que:

$$h = \mu_a \cdot V_a/\mu_f \cdot V_f$$

Porém, defino uma grandeza que costumo chamar por *teor volumétrico* (H) como sendo igual ao quociente do volume de substância absorta absorvida, inversa pelo volume do corpo absorvedor no estado seco.

Simbolicamente, posso expressar o referido enunciado por:

$$H = V_a/V_f$$

Substituindo convenientemente as duas últimas expressões, vem que:

$$h = \mu_a \cdot H/\mu_f$$

11. GRAU DE EXPANSÃO

Alguns corpos absorvedores ao ficarem molhados com alguma substância absorta tendem a sofrer tridimensionalmente uma expansão.

Assim, defino grau de expansão como sendo a razão da diferença existente entre os volumes final (V_2) pelo volume inicial (V_1) quando o corpo encontra-se absolutamente seco, para o volume final (V_2) do corpo encharcado, expressa em porcentagem. Simbolicamente, o referido enunciado é expresso por:

$$x = (V_2 - V_1) \cdot 100/V_2$$

12. COEFICIENTE DE PERMEABILIDADE ABSORLÓGICA

A permeabilidade absorlógica é a propriedade que o corpo absorvedor apresenta de permitir a entrada de substâncias absortas através de seus interstícios, sendo o seu grau de permeabilidade absorlógica expresso numericamente pelo que chamo de "*coeficiente de permeabilidade absorlógica*".

Assim, defino o coeficiente de permeabilidade absorlógica de uma superfície de um corpo absorvedor em contato superficial com uma substância absorta, como sendo igual ao quociente do volume absorvido até o máximo possível de encharcamento, inverso pela área do corpo absorvedor em contato com a substância absorta.

Simbolicamente, o referido enunciado é expresso pela seguinte relação:

$$K = V_a/A_f$$

O coeficiente de permeabilidade absorlógica varia para os diferentes corpos absorvedores e, para um mesmo corpo absorvedor, depende da temperatura e dos vazios. Pois, quanto maior for a temperatura maior será a fluidez da substância absorta.

CAPÍTULO IV

ISOCORISMO

01. INTRODUÇÃO

Na Absorciologia o Isocorismo é a parte que estuda a absorção de substâncias, sem que ocorra variação de volumes de formas significativas.

02. DENSIDADE

A densidade de um corpo absorvedor em um dado estado é igual à relação existente entre a massa que o mesmo apresenta, pelo volume.

Simbolicamente posso escrever que:

$$d = m/V$$

Ocorre que um corpo absorvedor imerso no meio de uma substância absorta apresenta uma massa expressa por:

$$m = m_a + m_S$$

Onde a letra (m_a) representa a massa de substância absorta absorvida pela massa (m_S) do corpo absorvedor.

Assim, posso escrever que:

$$d = (m_a + m_S)/V$$

No Isocorismo o volume do corpo absorvedor no estado seco é igual ao volume que apresenta em qualquer estado de absorção. Ou seja:

$$V = V_S$$

03. TEOR MACIÇO

Defino o teor maciço pela relação existente entre a massa de substância absorta absorvida pela massa do corpo absorvedor em estado seco. Simbolicamente, posso escrever que:

$$h = m_a/m_S$$

Com relação à densidade, posso escrever que:

$$d = (h \cdot m_S + m_s)/V$$

Assim vem que:

$$d = m_S \cdot (h + 1)/V$$

Entretanto, ocorre que o volume (V) é o mesmo que o volume do corpo absorvedor no estado seco (V_S) (isocorismo), onde a massa é caracterizada por

(m_S). Portanto a densidade do corpo absorvedor no estado seco ou inicial é igual ao quociente da massa neste estado, inversa pelo volume que apresenta. Simbolicamente o referido enunciado é expresso por:

$$d_S = m_S/V$$

Portanto posso estabelecer que:

a)
$$d = d_S \cdot (h + 1)$$

Com relação ao teor Maciço, posso escrever que:

$$m_S = m_a/h$$

Desse modo expressão que caracteriza a densidade é apresentada por:

$$d = (m_a + m_a/h)/V$$

O que permite escrever:

$$d = [(h \cdot m_a + m_a)/h]/(V/1)$$

Portanto, vem que:

$$d = (h \cdot m_a + m_a)/h \cdot V$$

Assim, passo a escrever que:

b) $$d = m_a \cdot (h + 1)/h \cdot V$$

Igualando convenientemente as expressões (a) e (b), vem que:

$$d_S \cdot (h + 1) = m_a \cdot (h + 1)/V \cdot h$$

que:

Ao eliminar os termos em evidência, resulta

$$d_S = m_a/V \cdot h$$

Tal equação permite afirmar que a densidade de um corpo absorvedor em um dado estado inicial seco é igual à massa de substância que absorve, inversa pelo produto existente entre o volume do corpo absorvedor e o teor Maciço.

04. TEOR ISOCÓRICO

Defino matematicamente o teor isocórico como sendo igual ao quociente do volume de substância absorta absorvida (V_a), inverso pelo volume do corpo absorvedor (V_S) que é absolutamente idêntico ao volume que apresenta em qualquer estado de absorção (V).

Simbolicamente, o referido enunciado é expressa pela seguinte relação matemática:

$$I = V_a/V = V_a/V_S$$

Com relação às equações anteriores, estabelecidas no presente capítulo, posso escrever e concluir que:

$$d_S = m_a/[(V_a \cdot h)/I]$$

Assim, vem:

$$d_S = m_a \cdot I/V_a \cdot h$$

Entretanto, ocorre que a densidade da substância absorta absorvida é expressa por:

$$D_a = m_a/V_a$$

Assim posso estabelecer que:

$$d_S = d_a \cdot I/h$$

Observe que;

$$V = V_S \text{ diferente } V_a$$

Também, sabe-se que:

$$d = m_a \cdot (h + 1)/V \cdot h$$

Desse modo, posso escrever que:

$$d = m_a \cdot (h + 1) / V_a \cdot h/I$$

Portanto, vem:

$$d = m_a \cdot (h + 1) \cdot I/V_a \cdot h$$

Como:

$$d_a = m_a / V_a$$

Resulta:

$$d = d_a \cdot (h + 1) \cdot I/h$$

Ou seja:

$$d = d_a \cdot I \cdot h/h + d_a \cdot I/h$$

Eliminando os termos em evidência, vem que:

$$d = (I \cdot d_a) + (I \cdot d_a/h)$$

Assim, resulta:

$$d = I \cdot d_a \cdot [1 + (1/h)]$$

Sabe-se que a grandeza denominada por vazio (**U**) é expressa por:

$$U = V_0/V_S \quad \text{Ou seja,} \qquad U = V_0/V$$

Portanto, posso escrever:

$$I = V_a/(V_0/U)$$

Assim, vem que:

$$I = V_a \cdot U/V_0$$

A densidade é expressa por:

$$d = m_S \cdot (h + 1)/V$$

Assim, posso escrever que:

$$d = m_S \cdot (h + 1)/(V_0/U)$$

Portanto, resulta:

$$d = U \cdot m_S \cdot (h + 1)/V_0$$

Também, sabe-se que:

$$d_S = m_a/V \cdot h$$

Logo posso escrever que:

$$d_S = m_a/(V_0 \cdot h/U)$$

Desse modo vem que:

$$d_S = U \cdot m_a/V_0 \cdot h$$

05. POROSIDADE E VAZIOS

A porosidade de um corpo absorvedor é definida pela seguinte relação:

$$N = V_0/V_t$$

O vazio é definido pela seguinte relação:

$$U = V_0/V_S$$

Onde a letra (V_0) representa o volume de vazios; onde a letra (V_t) representa o volume total; onde a letra (V_S) representa o volume do corpo absorvedor.

Entretanto, ocorre que no isocorismo, o volume do corpo absorvedor (V_S) é igual ao volume total (V_t) após a absorção da substância absorta.

Simbolicamente, posso escrever que:

$$V_t = V_S$$

Desse modo a relação matemática entre (N) e (U), resulta que:

$$N/U = (V_0/V_t)/(V_0/V_S)$$

O que resulta:

$$N/U = (V_0/V_S)/(V_t/V_0)$$

Como ($V_t = V_S$); ao eliminar os termos em evidência, resulta que:

N/U = 1 Ou seja:

$$N = U$$

Portanto, posso concluir que no isocorismo a porosidade e o vazio são absolutamente iguais.

06. FATOR DE ABSORÇÃO

Segundo Leandro, o fator de absorção (α) é igual ao quociente da diferença entre o volume de vazio (V_0) pelo volume absorvido (V_a), inverso pelo volume de vazios (V_0).

Simbolicamente, o referido enunciado é expresso pela seguinte relação matemática:

$$\alpha = (V_0 - V_a)V_0$$

07. CONCENTRAÇÃO DE ABSORÇÃO

Defino a grandeza que denominei por concentração de absorção (Ψ) como sendo caracterizada pela seguinte expressão:

$$\psi = \log V_a/V_0$$

Tal expressão permite escrever que:

$$\psi = \log V_a - \log V_0$$

Em função do nível de encharcamento, a concentração de absorção é representada por:

$$\psi = \log G$$

Pois:

$$G = V_a/V_0$$

E sendo

$$\log V_a/V_0 = \psi$$

$$\psi = \log G$$

08. CLASSIFICAÇÃO DOS FLUÍDOS ABSORVIDOS

Pode-se calcular a massa final m_f de um corpo que absorveu um determinado fluído, com diferentes substâncias. Comparando-se a massa m_f resultante com a massa m_0 do absorvedor absolutamente seco, os fluídos podem ser classificados em três grupos:

a) Grupo A - substâncias fluídicas em que m_f é ligeiramente menor que m_0.

b) Grupo B - substâncias fluídicas em que m_f é apenas um pouco maior que m_0.

c) Grupo C - substâncias em que m_f é muito maior que m_0. Essas substâncias contribuem enormemente para o valor da massa final m_f.

Formulário

Capacidade Absorciológica: $C =$
$m_0/\Delta m$

Concentração Absolar: $R = m_0/V_f$

Densidade Absolar: $\mu = m_f/V_f$

Equilíbrio Absorvitivo: $[x \ (\sim) \ i]$,
$[z \ (\sim) \ i]$, **portanto, x (~) z**

Fator de Absorção: $\alpha = (V_0 -$
$V_a)/V_0$

Fração Absolar em Massa: $f = m_0/m_f$
    $f = R/\mu$

Fração Absolar Descontínua em Volume: $y = V_0/(V$
$+ V_0)$

Fração Absolar em Volume: $F = V_0/V_f$

Grau de Expansão: $x = \Delta V/V_f$

Grau de Fluidibilidade em Massa: $i_m =$
$m_a/M_{0 \ ref}$

Grau de Fluidibilidade em Volume: i_V $=$ $V_a/V_{0\,ref}$

Massa: $m = m_0\,(1 + \alpha \cdot I_m)$

Nível em Encharcamento: $G\% = V_a \cdot 100/V_0$

Porosidade: $N = V_0/V_t$

Vazios: $U = V_0/V_f$

Volume Absorvido: $V_a = \gamma \cdot V_0 \cdot I_V = (m_f - m_i)/\mu$

Teor Maciço: $h\% = m_a \cdot 100/m_f$

Teor Volumétrico: $H = V_a/V_f$

Tabela de Símbolos

Grandeza

Símbolo

Capacidade Absorciológica
C
Coeficiente de Permeabilidade Absorciológica
K
Concentração Absolar
R
Concentração de Absorção
ψ
Densidade Absolar
μ
Densidade do Corpo Absorvedor
d
Equilíbrio Absorvitivo
(~)
Especifismo
e
Fator de Absorção
α
Fração Absolar em Massa
f
Fração Absolar Descontínua em Volume
y
Fração Absolar em Volume
F

Grau de Expansão

x

Grau de Fluidibilidade em Massa

i_m

Grau de Fluidibilidade Volumétrica

i_V

Massa do Corpo Absorvedor

m_0

Massa Final

m_f

Massa da Substância Aborta

m_a

Nível de Encharcamento

G

Porosidade

N

Vazios

U

Volume Absorvido

V_a

Volume Inicial

V_0

Volume Final

V_f

Teor Maciço

h

Teor Isocórico

I

Teor Volumétrico

H

Glossário

Absorciologia: Ciência que se dedica ao estudo da absorção.

Capacidade Absorciológica: É a relação existente entre a massa inicial do corpo absorvedor pela variação da massa absorvida.

Concentração Absolar: É a relação entre a massa inicial do corpo absorvedor pelo seu volume final após a absorção.

Corpo Absorvedor: São os corpos que apresentam a propriedade de absorver os fluidos.

Densidade Absolar: É a relação existente entre a massa final do corpo absorvedor e seu volume final.

Equilíbrio Absorvitivo: Se dois corpos estão em equilíbrio absorvitivo com um terceiro, então estão em equilíbrio absorvitivo entre si.

Fluidibilidade: Medida do estado de fluidez das substâncias absortas.

Fração Absolar em Massa: É a relação entre a massa inicial do corpo absorvedor pela sua massa final após a absorção.

Fração Absolar em Volume: É a relação entre o volume inicial do corpo absorvedor e o seu volume final após a absorção.

Grau de Expansão: É a relação entre a variação de volume do corpo absorvedor pelo volume final após a absorção.

Grau de Fluidibilidade: É a relação entre o volume do fluido absorvido e o volume inicial do corpo absorvedor.

Grau de Fluidibilidade em Massa: É a relação entre a massa do fluido absorvido e a massa inicial do corpo absorvedor.

Isocorismo: Ocorre quando há absorção e não há alteração de volume por parte do corpo absorvedor.

Massa Absorvida: É a diferença entre a massa final do corpo absorvedor após o fenômeno de absorção e a massa inicial desse corpo.

Nível de Encharcamento: É a relação entre o volume do fluido absorvido e o volume de vazios do corpo absorvedor.

Porosidade: É a relação matemática entre o volume vazio e o volume total do corpo absorvedor após a absorção.

Substância Absorta: São os fluidos que permitem sua absorção pela matéria.

Vazios: É a relação entre o volume vazio e o volume sólido do corpo absorvedor.

Bibliografia

ALONSO, M. & E.J. FINN. 1977. *Física: um curso universitário*. 2ª ed. SP: Edgard Blücher. Tradução Mário A. Guimarães, Darwin Bassi, Mituo Uehara e alvimar A. Bernardes.

EISBERG, R. & R; RESNICK. 1979. *Física quântica: átomos, moléculas, sólidos, núcleos e partículas*. RJ: Campus. Tradução Paulo Costa Ribeiro, Enio Frota da Silveira e Marta Feijó Barroso.

FERREIRA, L.C. 1975. *Estudo dirigido de Física*. 2ª ed. SP: Nacional.

GONÇALVES, Dalton. *Física do Científico e do vestibular*. 7ª ed. Rio de Janeiro, Ao Livro Técnico, 1970.

JUNIOR, F. R., J. I. C. dos SANTOS, N. G. FERRARO & P. A. de T. SOARES. 1976. *Os fundamentos da Física*. 1ª ed. SP: Moderna.

MASTERTON, W. L. & E. J. SLOWINSKI. 1978. *Química Geral Superior*. 4ª ed. RJ: Interamericana. Tradução Domingos Cachineiro Dias Neto e Antonio Fernando Rodrigues.

RESNICK, R. & D. HALLIDAY. 1979. *Física*. 2ª ed. RJ: Livros Técnicos e Científicos. Tradução Antonio Maximo R. Luz, Beatriz Alvarenga Alvarez, Jésus de Oliveira e Márcio Quintão Moreno.

TIPLER, P. A. 1978. *Física*. RJ: Guanabara, Tradução Horacio Macedo.